环境保护

撰文/钟昭仪　　审订/李美慧

中国盲文出版社

怎样使用《新视野学习百科》？

请带着好奇、快乐的心情，
展开一趟丰富、有趣的学习旅程！

1 开始正式进入本书之前，请先戴上神奇的思考帽，从书名想一想，这本书可能会说些什么呢？

2 神奇的思考帽一共有 6 顶，每次戴上一顶，并根据帽子下的指示来动动脑。

3 接下来，进入目录，浏览一下，看看这本书的结构是什么，可以帮助你建立整体的概念。

4 现在，开始正式进行这本书的探索啰！本书共 15 个单元，循序渐进，系统地说明本书主要知识。

5 英语关键词：选取在日常生活中实用的相关英语单词，让你随时可以秀一下，也可以帮助上网找资料。

6 新视野学习单：各式各样的题目设计，帮助加深学习效果。

7 我想知道……：这本书也可以倒过来读呢！你可以从最后这个单元的各种问题，来学习本书的各种知识，让阅读和学习更有变化！

神奇的思考帽

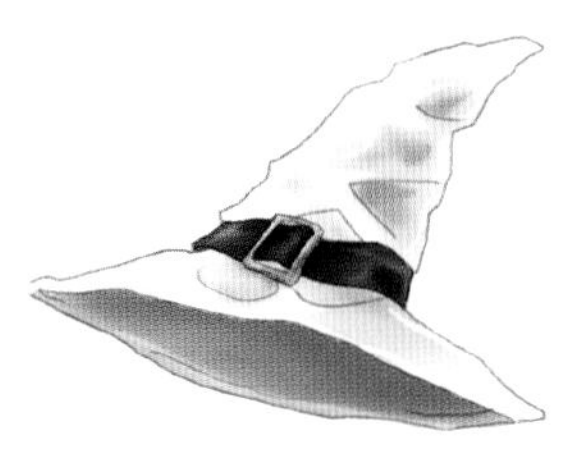

客观地想一想

用直觉想一想

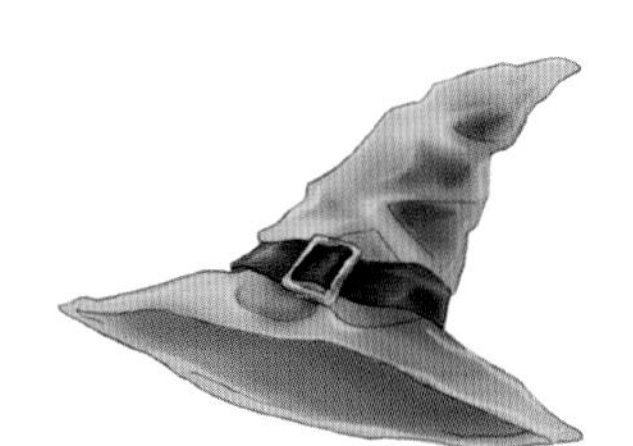

想一想优点

想一想缺点

想得越有创意越好

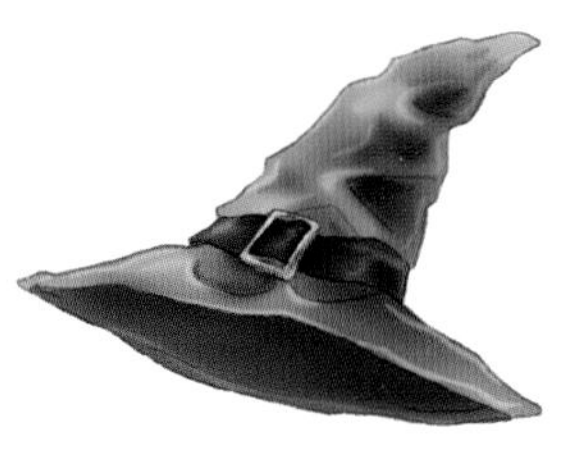

综合起来想一想

? 我们居住的环境中，有哪些环境污染的问题？

? 哪些噪音会让你觉得不舒服？

? 你知道哪些低污染的环保产品，它们有什么优点？

? 为什么环境污染的问题越来越严重？

? 生活中有哪些方法可以减少垃圾？

? 为什么我们说污染无国界？

目录

CONTENTS

单元1

没有疆界的污染

日常生活里常见的环境污染中，以空气污染影响的范围最大，造成的环境公害事件也引起最多人的关注。

杀人的烟雾

1952年12月，阴冷潮湿的英国伦敦突然笼罩在一片黑色的烟雾中，行人伸手不见五指，呼吸困难。烟雾持续了几天才散，而因为这不知名的烟雾死亡的人数竟高达4,000多位。

洛杉矶人口稠密，又位于山谷之中，空气流通不畅，数百万车辆排放的废气时常形成烟雾，尤其在夏天最为严重。（摄影/黄丁盛）

在这前一年，美国洛杉矶也发生过类似的情况。1951年的夏天，某

人类文明越是发达，对于环境中各种资源的需求也不断增加。科技的进步虽然带来生活的便利，却也不断对环境造成破坏。（插画/吴仪宽）

工业区的工厂排放大量烟尘和废气，不仅会污染空气，也会落在土壤和河流中，影响人类和所有动植物。（图片提供/廖泰基工作室）

个天气晴朗的午后，整个城市逐渐被怪异的浅蓝色烟雾笼罩，空气变得混浊不清。连续好几天，人们双眼发红，喉咙疼，头昏、头痛，因呼吸系统衰竭而死亡的人数大量增加。另外，大片松树林枯死，加州的柑橘产量也因此减少。

当时，没有人知道这杀人的烟雾到底是什么？几年后，人们才知道，原来是空气污染造成的。

火山喷发会产生大量的火山灰，有时甚至可以随风飘散到数百公里以外的地区。（摄影/黄丁盛）

空气污染物的主要来源

究竟什么是空气污染？空气污染是指大气中对人体健康和自然环境有害的物质增加了，这些物质是“空气污染物”。它的来源可能是自然或人为的，火山爆发、地震、森林火灾等自然现象产生的烟尘与气体，属于“自然污染物”；经由人类活动如燃烧煤炭、火力发电、工业生产和交通运输所产生的有害物质，则是“人为污染物”，也就是一般常说的空气污染物。

弥漫都市的烟雾

烟雾这种空气污染常发生在都市地区，尤其在无风、空气流通不良的天气状态下，大量污染物聚集在都市上空，形成雾状的有害气体。烟雾主要分为两种：伦敦的烟雾主要是工厂烟囱排放的硫氧化物，附着在空气中悬浮的水汽或烟尘上；而洛杉矶的烟雾则是由于大量汽车排放的氮氧化物及一氧化碳，在阳光照射下产生“光化学反应”，形成臭氧，一般称为“光化学烟雾”。这两种烟雾除了对人和动物造成危害，也会使植物产生病变，甚至死亡。

由台湾地区的七星山俯瞰台北盆地。高楼、工厂、机动车产生的废气，超过了自然环境可以清净的程度，于是累积在都市上空，形成灰蒙蒙的烟雾。（摄影/吴宗谋）

单元2

空气污染的危害

究竟是哪些物质污染了所有生物赖以生存的空气？污染的空气对健康又有什么影响？

随地燃烧垃圾不仅会造成空气污染，垃圾中的化学物质燃烧后，还会产生“世纪之毒”二噁英。（图片提供/廖泰基工作室）

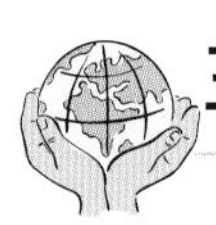

主要的空气污染物

空气污染物一般分成气体状和颗粒状两大类。常见的气体污染物包括一氧化碳、氮氧化物、硫氧化物和臭氧等。颗粒状的污染物则分成落尘和悬浮微粒：落尘的颗粒比较大，而悬浮微粒的直径在10微米以下，肉眼看不见，能飘浮在空气中。当空气中有大量的悬浮微粒时，能见度就比较差。

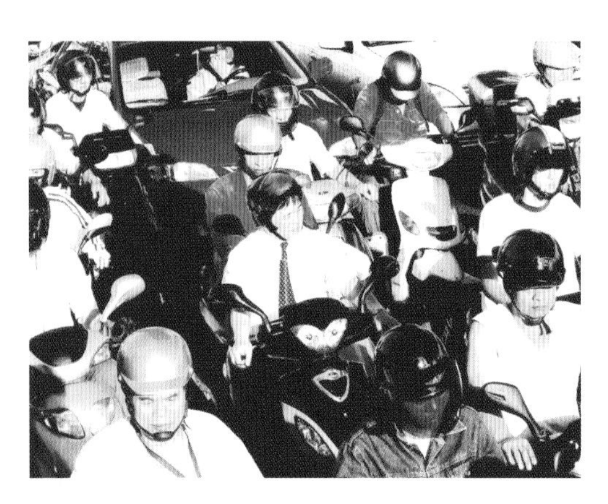

机动车会排放一氧化碳、氮氧化物和铅等污染物，属于移动的污染源，老旧的车辆产生的污染更是严重。加油时选择无铅汽油也能够减少污染。（摄影/李宪章）

常见空气污染物	主要来源
一氧化碳	车辆排放、燃烧石油、柴油和木材、香烟
氮氧化物	燃烧煤炭、石油和柴油、车辆排放
硫氧化物	燃煤发电、燃烧石油、工业生产（如造纸业）
臭氧	炼油与石化工业、印刷业
颗粒状污染物	车辆排放、建设工程、矿业、因燃烧而产生的烟

空气污染物对健康的影响

不同的空气污染物对人体造成的危害也不相同，例如一氧化碳会减少血液中氧气的含量，使人反应迟钝，甚至陷入昏睡；硫氧化物和氮氧化物具有腐蚀性，会刺激呼吸系统造成肺部疾病；臭氧则会刺激眼睛，产生灼痛感。

颗粒大的落尘，落在物体表面成了灰尘。颗粒细小的悬浮微粒很容易通过呼吸道，进入人体的气管、支气管，对人体的危害较大，更糟的是，其他的污染物质常会附着在上面，一起进入人体。

污染物会破坏呼吸系统的防御能力，使人们的抵抗力下降。长期暴露在污染的环境中，会引发慢性呼吸器官疾病，如鼻炎、支气管炎、气喘、肺炎等。空气污染物对眼睛也有刺激作用，会使结膜发炎，甚至影响视力。

在污染严重的都市地区，不仅室外空气污浊，室内的家具和摆饰每天也都会累积大量落尘。（摄影/李宪章）

如果大量的有毒气体突然排放到空气中，可能会造成严重的中毒事件。1984年，在印度的博帕尔，就因为一家农药厂的毒气泄漏，造成约1,500人当场死亡、5万人失明的惨剧。

位于瑞士阿尔卑斯山上的小镇，为了维持大自然赋予的清净空气，规定车辆不得进入。市内只能步行或是乘坐马车等不会污染空气的交通工具。（摄影/李宪章）

空气质量标准

如果你居住的地方，某天天气晴朗但是能见度很差，或是空气中有种刺鼻、令人难受的气味，通常就表示当天空气质量不佳。

为保障人体健康，目前许多国家都制定了空气质量标准，因为这些标准是针对室外的空气质量而制定，所以又称为“环境空气质量标准”。另外也有些国家准备进一步制定室内的空气质量标准。为了从根本做起，减少空气中污染物的排放量，许多国家对工厂、车辆等污染源，也制定污染物的“排放标准”，限制这些空气污染物的排放量。

茂密的绿树是最好的空气清净机。到郊外走走，呼吸森林中释放的芬多精，可以使人心情愉快。（摄影/李宪章）

（摄影/李宪章）

单元3

地球真的越来越热吗

过去100多年来，地表的平均温度约上升0.6℃。科学家估计在未来的50年，全球气温还会再升高0.6—2.5℃，这种“全球变暖”现象已成为全世界关注的焦点。

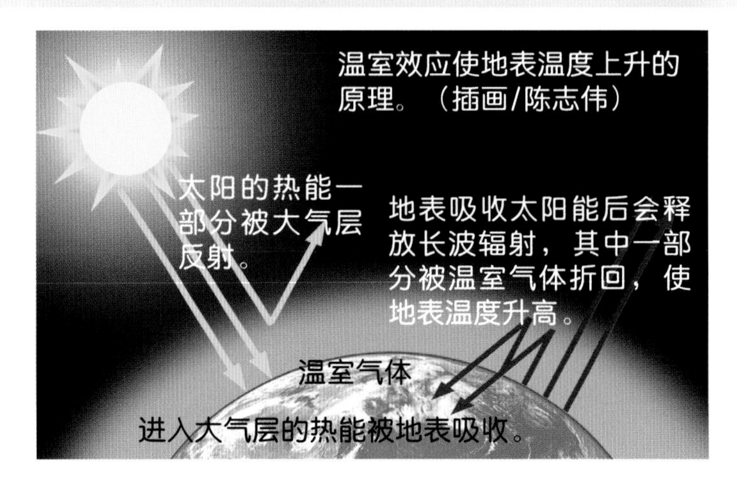

温室效应使地表温度上升的原理。（插画/陈志伟）

温室效应

当阳光照射到地球时，地球会将阳光的能量释放回去，地球上方的大气层像个透明的罩子，把太阳的辐射热留在地球表面，有如栽培植物的玻璃温室，可以维持内部的热能不会流失。要是少了这层能“保温”的大气，地表的平均温度将只有-18℃，而不是现在地表平均气温的15℃，这种现象称作“温室效应”。主要的“温室气体”包括水蒸气、二氧化碳、甲烷和氮氧化物等，其中以“二氧化碳”最为重要。

全球变暖的原因

对于地球表面平均温度增加的原因目前还没有定论，但是大多数科学家相信，这是由于工业革命以来，人类大量使用化石燃料、砍伐大片森林所造成的。石油、煤炭和煤气的燃烧会产生温室气体，但吸收二氧化碳的绿色植被却因人类大量砍伐而不断减少，使得大气中二氧化碳的浓度比工业革命前增加了36%，而甲烷的浓度更增加了1倍以上。

巴西的亚马孙雨林遭到非法砍伐的景象。占地700万平方公里的亚马孙雨林，是全球二氧化碳平衡的重要因素，但目前正以每年52万平方公里的速度快速消失。人们为了放牧牛羊、种植大豆等农作物、开辟道路或是取得更多木材而砍伐原始森林。（图片提供/绿色和平）

根据秘鲁国家资源中心调查，过去27年来，秘鲁境内冰河减少了约22%的面积。比较左右两张照片，可以看出此处安地斯山上的冰河，在短短7年间就因全球变暖而大量融化、后退。（图片提供/绿色和平）

气候变迁的影响

多数科学家认为，如果地球温度持续上升，将导致极地和高山的冰层融化，海平面将上升约0.09—0.88米；沙漠面积扩大，森林往高纬度移动；干旱、龙卷风或暴风雨这些异常气候出现的频率也会增加。另外，也有一些科学家认为，“温室效应”造成海平面上升的结果，反而会使地球进入冰河时期，许多地区会成为全年冰封的世界。气候变迁加上人为破坏，我们的子孙将面临前所未有的生存挑战。

位于印度洋的马尔代夫由1,200个珊瑚礁岛屿组成，是世界上地势最低平的国家，80%的面积海拔高度不到1米，因此对海平面的高度变化十分敏感。（图片提供/廖泰基工作室）

都市的废热——热岛效应

城市地区因人口稠密、工商业高度集中，使得它的温度高于周围地区，这种现象叫作“热岛效应”：整个城市像被笼罩在蒸笼里一样，空气无法流通。伦敦的杀人烟雾事件，就是由于严重的热岛效应，致使空气污染物无法扩散，笼罩上空达5天之久，造成4,000多人因空气污染而死亡。

都市的热岛效应主要成因有：(1)城市里的建筑物、柏油或水泥马路，比泥土地或草地更容易吸热却不容易散热；(2)车辆行驶和工业生产活动排放许多“温室气体”，吸收环境中热辐射的能量；(3)汽车、空调以及冰箱的运转，都会不停地向外散热。整体来说，市区的温度通常比郊区高0.2—2℃，甚至高达5—6℃！

单元4

酸雨与臭氧层

（摄影/李宪章）

人类制造的一些污染物飘散到空气中，经过复杂的化学作用，造成了酸雨和臭氧层破洞，不但危害了人类自己的健康，更威胁到地球上所有生物的生存环境。

德国南部松树林大片死亡。英国工业区的工厂废气，经由西风送到北欧和中欧，使得挪威、瑞典、瑞士、德国等地的森林和湖泊都遭受酸雨严重的破坏。（摄影/任家弘）

酸雨和酸雨的危害

自然界中的雨水原本就略带酸性，pH值大约是5.6。但是工厂燃烧煤炭时放出的硫氧化物，加上机动车引擎排放的氮氧化物，扩散至大气层后，与水蒸气结合形成硫酸或硝酸，产生比天然雨水更酸的酸雨。在工业污染严重的地区，雨水的pH值甚至只有4，酸度接近食用醋。

酸雨会阻碍植物进行光合作用，使森林死亡，农作物枯萎，并且抑制有机物分解，使土壤变得贫瘠。当酸雨流入河中，会使河川和湖泊酸化，以及溶解土壤、河川、湖泊底泥中的重金属，危害水中和陆上的生物。酸雨也会侵蚀建筑物和古迹表面，还会引起人类呼吸系统的疾病。

法国枫丹白露宫前的石雕狮子，受到严重的酸雨侵蚀而发黑。酸雨会破坏石材和金属，严重的话还会影响桥梁、建筑的结构。（摄影/吴宗谋）

臭氧层的破坏

90%的臭氧集中在离地面20—30千米高的“臭氧层”，它能阻挡阳光中的紫外线，保护地表生物。但是从20世纪80年代开始，科学家发现南极上方的臭氧层有时会变得非常稀薄，好像破

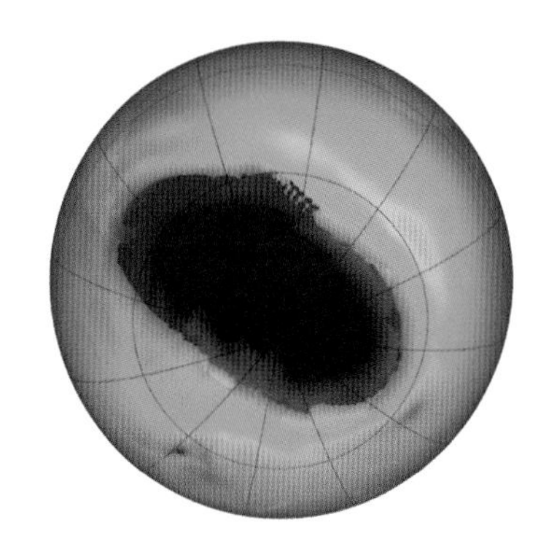

2004年9月南极上方的臭氧层破洞。一年中的9月、10月通常是南极臭氧层浓度最稀薄的时候。可以在http://ozonewatch.gsfc.nasa.gov看到每天南极臭氧层的变化。（图片来源/NASA）

了一个洞似的。后来科学家在北极上空也发现臭氧层破洞，各大洲的臭氧层都变得稀薄，而造成臭氧层破洞的元凶就是“氟氯碳化物”（CFC）！这种人造化学物质常用来制造发泡剂或喷雾剂，冰箱及空调的制冷剂中也含有这种成分。氟氯碳化物飘散到大气中，其中的氯原子会分解臭氧，目前世界各国已经逐渐禁用含氟氯碳化物的产品。

人类原本以为CFC是一种无害的物质，因此广泛运用在各种工业产品上，后来才发现CFC会破坏臭氧层，使人类与所有生物都受到紫外线的威胁。（插画/吴仪宽）

CFC的各种来源：
1.喷气式飞机在高空排放的气体。
2.制造塑料和泡沫塑胶的发泡剂。
3.喷雾罐和灭火器的推进剂。
4.冰箱和空调中的制冷剂。

臭氧层破坏后的危机

虽然接近地表的臭氧会造成光化学烟雾，危害人体，但是高处的臭氧层能够吸收阳光中大部分紫外线，保护生物不受紫外线伤害，可说是“低处为害，高处为宝”。

适当的紫外线照射可以刺激身体细胞活动，促进人体制造维生素D，对健康有益。但是过量的紫外线会伤害眼睛健康、增加罹患皮肤癌的几率、抑制免疫系统功能。紫外线对于浮游生物和植物的杀伤力也很大。由于水中的浮游生物位于食物链的最底层，一旦数量减少，就会影响整个生态系统的平衡。

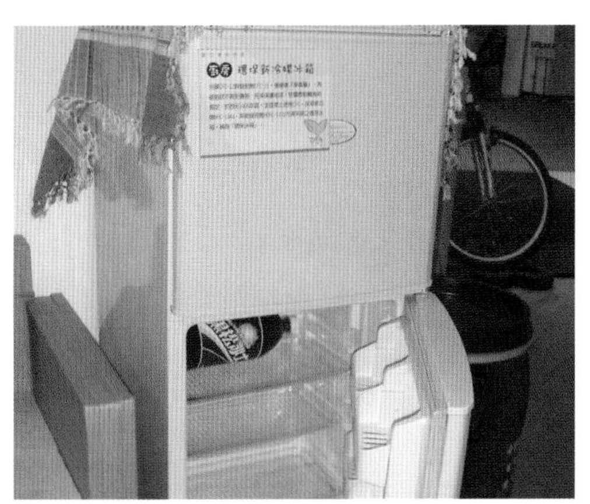

冰箱中若是使用含有CFC的制冷剂和发泡剂，会破坏臭氧层。图中的“环保冰箱”使用不会破坏臭氧层的化学物质作为制冷剂和发泡剂。

水污染与疾病

水，是我们日常生活中不可缺少的。如果饮用水受到了污染，喝了就可能生病。有时喝了受污染的水，并不会马上生病，等到在体内累积到一定的程度，才会发病。下面介绍两个著名的例子，正好都发生在日本。

养殖文蛤受到附近工厂的污染，大批死亡。（图片提供/廖泰基工作室）

水俣病

日本熊本县的水俣湾，海产极为丰富，人们大多以捕鱼为生。1953年，水俣湾附近居民发现当地的猫儿患了一种奇怪的病，病猫走路时像喝醉酒一样东倒西歪，还会突然痉挛，或疯狂地兜圈，严重的甚至跳海。3年后，也就是1956年，当地居民也陆续得了同样的怪

水俣病的发病过程。（插画/吴昭季）

病，得病的人会出现四肢麻痹、行动和言语障碍、知觉异常等症状。

几年后，科学家们才确定病因，原来附近一家化工厂排放的废水中含有机汞（水银），经由河流排放到水俣湾。水俣湾是个内海，有毒物质无法经由海水稀释，猫和人吃了被有机汞污染的海产，才生这种怪病。

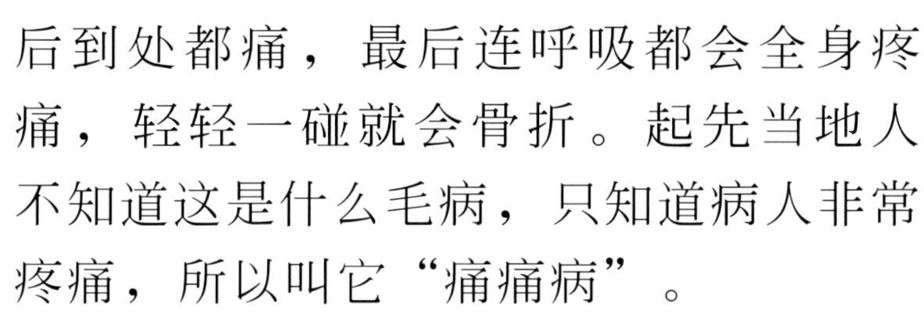

2005年台湾地区传出养鸭场遭到二噁英污染的事件，污染来源可能是附近的钢铁工厂或是鸭子食用的饲料。（摄影/李宪章）

痛痛病

20世纪中期，日本神通川附近发生过一种怪病。病人先是关节疼痛，然后到处都痛，最后连呼吸都会全身疼痛，轻轻一碰就会骨折。起先当地人不知道这是什么毛病，只知道病人非常疼痛，所以叫它“痛痛病”。

几年之后证实，是当地采矿的废水污染了河川，居民用受到污染的河水灌溉农田，又吃了农田长出的稻米，于是得了这怪病。痛痛病的主因就是废水中的重金属“镉”。“镉米”的污染在世界上许多地方都发生过呢！

受污染的镉米。镉比其他重金属更容易被农作物吸收，受到污染的稻米必须立刻销毁。（图片提供/廖泰基工作室）

生物累积作用

当动物吃下食物以后，会消化、吸收，然后贮存或是排泄。可是，像重金属或是杀虫剂等有害物质，它们很难排出去，所以吃得越多，累积在体内的也就越多。当这些污染物排放到水中，就会被水中的浮游生物吃下去，而浮游生物又会被小虾吃下去，然后小鱼吃小虾，大鱼又吃小鱼……浮游生物吃下去的有害物质极少，但是经由食物链，有害物质的含量越来越高，这就是生物累积作用。

法国的生物学家正在检测螃蟹体内有毒物质的含量。环境中的污染物质也会经由食物链散播。（图片提供/绿色和平）

单元6

水中的污染物

河川、湖泊或海洋，都含有一些分解污染物的微生物，具有自我净化的能力。一旦污染程度超过“自净能力”，水域就很难靠自己的力量恢复了。

主要的污染源

水污染的来源，主要是人类排放的废水，如家庭废水、养猪场废水、工业废水、采矿废水等。所有的废水，都会流到河里或湖里，最后流到海里。如果废水未经处理，直接排放，就可能把河川、湖泊甚至海洋污染了。

以我们日常生活所产生的家庭废水来说，通常含有肥皂和各种洗涤剂，

各种没有经过处理的污水和垃圾直接流入河川中，使这个越南小镇赖以为生的河水遭到严重污染，臭气冲天。（摄影/李宪章）

台湾地区的德基水库上游的天然林地遭砍伐以栽种水果。在水源地上游开发不仅破坏水土保持，栽种果树使用的农药和化学肥料也会顺势流入水库中，成为污染源。（摄影/任家弘）

有时甚至含有杀虫剂，如果排放到河川，当然会污染河川。工业废水通常含有有毒的物质，污染的后果特别严重。采矿废水会使水质浑浊，如果废水中含有重金属，那就不能等闲视之了。

使用低污染、不添加石化原料、高生物分解度的环保清洁剂，并节省清洁剂用量，是一种生活中最简单的环保方法。

专门生产布料的染整工厂，会产生大量含有化学染料、漂白剂和荧光剂的废水。对环境污染最严重的工厂，还包括石化业、造纸、皮革、电镀和食品业等等。（图片提供/廖泰基工作室）

水污染的影响

水源如受到病菌或毒物的污染，喝了就可能得传染病或中毒。水污染对水生生物的威胁更大。家庭废水和养猪厂废水含有大量有机物，会使河川和湖泊营养过剩，微生物和藻类大量繁殖，耗尽水中的氧，成为“死河”或“死湖”。

工业废水所含的有毒物质，有时会直接毒死水中的动植物，有些则会累积在水生动植物体内，再随着食物链影响到陆上的动物。

水体富营养化

植物生长需要氮、磷等养分。但是，如果人类排放到河川、湖泊里的废水含有过多这种营养物质，就会使水质变得“营养过剩”。首先生长快速的藻类会大量繁殖，当超过河川、湖泊所能容纳的最大量时，又会相继死亡。在这些藻类大量繁殖与死亡的过程中，将消耗掉大量氧气，使得水中的氧气耗尽，水质变坏，水中的鱼、虾等水生物无法生存。这样的过程，就叫作“水体富营养化”。

布袋莲生长在污染严重的水中，由于繁殖快速，短时间内就会消耗大量氧气，使水体富营养化更加严重。（图片提供/廖泰基工作室）

判断水质的指标

河川或湖泊遭受污染时，水质会发生变化，并且影响水中的生物。我们只要掌握住一些指标，就可以判断污染的程度了。

物理与化学指标

水质污染程度的指标，分为物理、化学和生物三方面。物理指标方面：废水造成的热污染，可能导致鱼类畸形；水中如有异味，大多是由挥发性物质造成；如果水质浑浊，表示泥沙或固体物质含量过高，会影响水生植物的光合作用，进而影响到鱼类等水生动物。

化学指标方面：水的酸碱度影响水质和水的自净能力；当水中的溶氧量降低，就表示水体富营养化，或泥沙过多；水中氮、磷含量过高，表示受到工厂废水、家庭废水、清洁剂或肥料的污染。

电镀工业产生的废水含有重金属和氰化物等化学物质，是毒性极强的有害废水，必须经过处理才能排放。（图片提供/廖泰基工作室）

技术人员正针对污水，进行各种水质检验。（摄影/李宪章）

生物指标

有些水生生物对环境特别敏感，可用来判断水质污染的程度。例如：水中矽藻比蓝绿藻多，表

一个小孩正在饮用污浊的井水。在气候干燥地区，不容易取得干净水源，因此水是十分珍贵的资源。但是井水的浊度和矿物质含量往往超过标准，饮用可能影响健康。（图片提供/绿色和平）

我们可以通过河川生物的生长习性，判断水质受到污染的程度。香鱼只能生长在水质清澈没有受到污染的河水中。（摄影/傅金福）

示水质干净；如果蓝绿藻多，就表示水质可能已经受到污染了。这是因为矽藻必须生活在很干净的水里，而蓝绿藻却喜欢在浑浊肮脏的水中生存。卫生单位常用大肠杆菌的数量，来检测污染的程度。另外，干净的水中，动物的种类多，而污染的水中，种类就大为减少了。一些对污染耐受力不同的昆虫和鱼类，就成为检测水质的指标。

◎污染指标

指标种类	指标项目
物理指标	水温、臭味、颜色、浊度
化学指标	酸碱度、溶氧量、生物需氧量、化学需氧量、氮及磷的含量、重金属、有毒性的有机污染物
生物指标	大肠杆菌类、细菌总数、水生物分布情况

畜牧废水、工业废水和家庭产生的各种污水，都经由污水下水道送往污水处理厂。污水中沉淀的淤泥干燥后另外掩埋，经过处理的水则经由海洋放流管，流入海岸外3,000米的海水中。（插画/陈志伟）

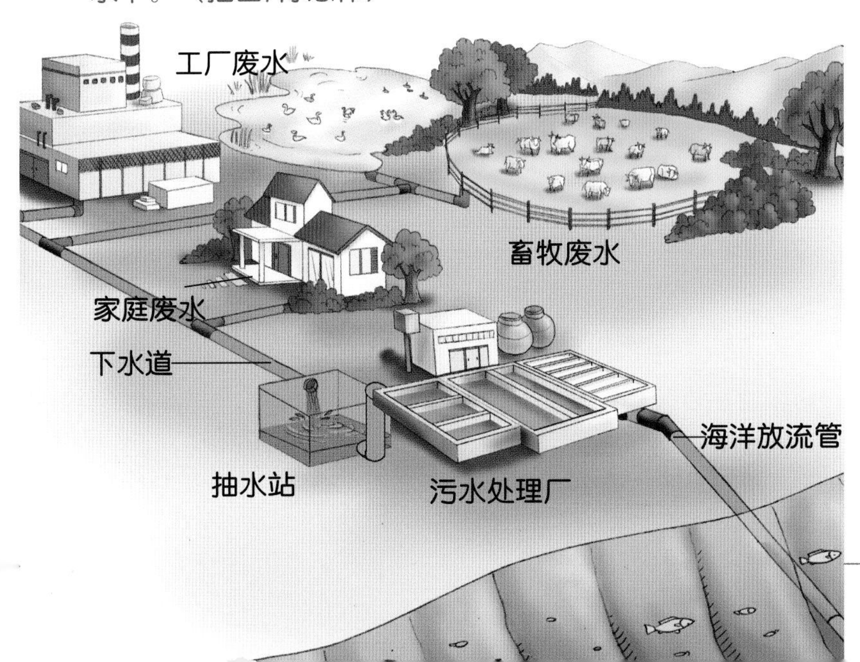

减少河川污染

减少河川污染最好的方法，就是减少污染物的排放。如果能够改变工业生产的程序，减少废水；或是将工业废水、采矿废水收集，经过污水处理厂处理后再排放到河川，那么河水中的污染物就会减少许多。另外养猪废水拿去养鱼或是当肥料，都是减少河川污染的方法。

我们上厕所、洗澡等产生的生活污水，若是直接排放到环境中，也会造成污染。因此需要设置污水下水道，将家家户户的污水集中，送到污水处理厂处理。

污水送入污水处理场后，需要经过曝气、沉淀等处理步骤，除去部分的污染物质后才能放流入海。

土壤的污染

土壤一旦受污染，就不容易恢复。污染物质在土壤中不像在大气或水中那么容易稀释，而且农药和重金属在土壤中分解速度很慢，有些甚至根本就不分解，会长期累积在土壤里。

农民为防止虫害所喷洒的农药和杀虫剂，会残留在作物和土壤中，影响人体健康和环境生态。（摄影/黄丁盛）

越战后遗症

越战期间，越共游击队躲在茂密的热带丛林里，让美军吃了不少苦头。后来，美军就用军用飞机在空中喷洒落叶剂，让树叶大量掉落，使越共无处藏身，同时也摧毁了他们的农作物，断绝粮食供应。

一名孟加拉小男孩正在捡拾皮革工厂的废弃物。当地的150间皮革工厂，每天要排放19吨的有毒污泥和废弃物，对当地居民的健康产生严重影响。（图片提供/达志影像）

尽管越战在1975年结束，但是由于这些药剂本身含有二噁英，对越南的生态环境和居民健康带来严重的长期损害。喷洒落叶剂最多的几处村庄，土壤到现在还受到污染，甚至长不出作物。

地下石油管线破裂，泄漏的原油污染了农田。石油中含有许多有毒的化学物质，大自然需要数年甚至数十年才能加以分解。（图片提供/廖泰基工作室）

除此之外，一般农药也会污染土壤，这些农药流到河里，又会影响水生生物。有一种名为DDT的农药，也曾经影响人类与其他生物的健康，现在已经被禁用。

各种污染途径

除了农药的污染，其他如使用化学肥料；将有毒的废弃物倒入或掩埋在土壤里；装载石油、化学药品的桶槽泄漏；或是埋在地下的污水管破裂，都会直接造成土壤的污染。

空气污染和水污染也会造成土壤的污染。受污染的空气经由降雨进入土壤，或是受污染的水经由灌溉流入土壤，都会造成土壤污染。以“痛痛病”为例：河水受到污染，不知情的农民将受到重金属污染的河水拿来灌溉土地，造成土壤污染，而受到污染的土地长出来的农作物，当然也是有毒的！

有机农业

农民为了保护作物，通常使用农药来消灭害虫。但是，杀虫剂能杀死害虫，也能杀死益虫，破坏生态平衡。使用过多的话，还会残留在作物上。所以现在很多国家开始提倡“有机农业”。

有机农业不使用农药和化肥，提供消费者健康与安全的农产品。替代农药方面，例如利用害虫的天敌、微生物，或以套袋、诱杀板、捕虫灯等方法去除害虫。替代化肥方面，以天然的有机肥料取代化学肥料，或使用不同作物轮流耕作的方式，使土壤得以休息，恢复生产力。

塑胶工厂任意弃置的有毒废弃物。有毒物质一旦进入土壤和水中，就会不断经由食物链影响生物健康。（图片提供/廖泰基工作室）

2005年美国新奥尔良受到强烈飓风侵袭，全市淹没在水中。附近炼油厂的原油随着洪水四处漂散，储油槽的屋顶也被风刮走。（图片提供/绿色和平）

单元9

海洋污染

海洋的面积占地球表面积的71%，人们原以为广阔的海洋可以无限度地承受人们制造的污染，所以各种固体、液体的废弃物都一股脑儿地送入海洋，后来才发现海洋也会消化不良而生病。

旅游业带来大量的游客，也容易造成环境破坏。

海上油轮漏油事件

1989年，美国艾克森石油公司的油轮在阿拉斯加触礁，泄漏了1,100万加仑的原油，污染的海域约2,300平方公里、海岸线约560千米，而海洋资源与经济的损失更高达20亿美元！这样的漏油事件在许多国家都曾发生过，也都造成严重的损失。

海上原油泄漏时，因为油比水轻，所以会在海面上扩散形成油膜。油膜会阻隔阳光辐射，影响海洋中的浮游植物进行光合作用，海水中缺少氧气，使得海洋动物呼吸困

2002年11月，西班牙西北一艘油轮沉没使海岸受到原油污染，当地的民众动员协助清理漏油。估计有超过上万吨原油泄漏，污染了100多个海滩。（图片提供/绿色和平）

难。油膜和油块还会黏堵鱼鳃使鱼窒息死亡，或黏住鱼卵及小鱼，使它们难以孵化或变畸形。

台湾地区基隆港外的造船厂。船只制造过程中，不但会产生重金属污染，而且为了避免藻类等生物附在船只外壳，也使用含有毒性的有机锡涂料，对海洋生态有严重影响。（摄影/李宪章）

是谁污染了海洋

海洋的污染绝大多数来自人类的活动，包括在海边弃置垃圾、河水受到污染后流入大海，或是船只运输过程中制造或泄漏的污染，以及沿海工业产生的污染等。此外，大气中的污染物也会降落到海洋。

海洋的污染不但使海洋生物受到危害，人类若是食用这些受到污染的鱼、虾、贝类，也会因此而生病甚至死亡。

红潮知多少

当海水里的浮游藻类大量繁殖，就会产生“藻华”。“藻华”常使海水呈现粉红色、红色、褐色、褐红色，所以又称“红潮”。大部分“藻华”都是无害的，如几内亚藻、红裸甲藻，只有少数会产生毒素、污染海产或对人体有害，如涡鞭毛藻类。除了使鱼类死亡和人类受害之外，红潮还会排挤原产的藻类，扰乱整个海域的生态系统，使海鸟和海洋哺乳动物（如鲸鱼和海牛），成为牺牲者。红潮的成因至今仍不清楚，但科学家相信，这和人类排放废气、废水及有害物质，而使海水污染与水体富营养化有关。

位于台湾地区东北角的阴阳海。在九份溪出海口有一片黄褐色水域，这是因为溪水上游流经废矿坑，溶解大量的金属离子而形成的特殊景观。（图片提供/廖泰基工作室）

台湾地区垦丁附近因为海水污染而白化的珊瑚。珊瑚只生长在光线充足、水质清澈的浅海地区。海岸开发产生的污染和高温的废水，都会使珊瑚白化死亡。（图片提供/廖泰基工作室）

单元10

垃圾问题

全世界垃圾制造量最多的国家是美国，一年的家庭垃圾可达2.4亿吨，平均每人每天制造超过2千克的垃圾。这么多的垃圾是从哪里来的，又该怎样处理呢？

垃圾掩埋场不像焚化炉会有空气污染的问题，但是需要很大面积的土地，还必须将垃圾渗出水收集处理，以免有毒物质污染土壤、地下水。（图片提供/廖泰基工作室）

美国爱运河事件

爱运河是美国纽约州北部一条废弃的人工河道，有1,000多米长。1942年，一家塑化公司买下了爱运河，作为化学废弃物的垃圾场。1953年，这家公司填平了河道，将土地转赠给政府，于是爱运河区就成了住宅区。但是20多年后，当地居民发现他们罹患癌症、孕妇流产、婴儿畸形的情形特别严重，而且地面会渗出不明液体。1978年一份研究报告指出，这一切都来自掩埋在地下的垃圾。

一个小孩坐在成堆的废弃电线中。高科技的发展也制造了电线、电路板等科技废弃物，这些废弃物往往被运往发展中国家丢弃，在处理过程中会释放有毒的二噁英及有毒金属。（图片提供/绿色和平）

垃圾从哪里来

垃圾可分为一般垃圾、有害垃圾和医疗垃圾。“有害垃圾”通常来自工厂，但是家庭使用的电池、日光灯管、杀虫剂罐、油漆罐等也属于这一类。“医疗垃圾”是指医疗机构产生的垃圾，特别是有感染性的针头等。这些垃圾需要特别处理，因此不能混入一般垃圾。

用过一次就丢弃的免洗餐具、饮料容器，造成大量的垃圾。（图片提供/廖泰基工作室）

垃圾的处理

常见的垃圾处理包括了焚化和掩埋：将可燃及低污染的垃圾，送至焚化炉燃烧；不可焚化与焚化后的垃圾，则由卫生掩埋场掩埋。

其实，许多“垃圾”并不是真的垃圾，它们都可以再回收、利用，称为“资源垃圾”，例如废纸、废塑料容器等等。另外，剩菜、果皮一类的“厨余”，也可以回收作为猪的饲料或植物的肥料。

为了让各种垃圾得到适当的处理，我们要先做好“垃圾分类”，这样才能减少垃圾、降低污染，并且提高焚化与掩埋的效率。

垃圾处理3原则

面对垃圾问题，我们可以怎样做呢？请记住：减量（Reduce）、再利用（Reuse）、回收（Recycle）3R原则。

“减量”是处理垃圾最根本的方法，例如随身携带购物袋和餐具，以减少塑料袋和免洗餐具的使用；避免消费“用过即丢”和过度包装的商品。

“再利用”是将使用过的物品，拿来作其他用途，例如饮料空瓶拿来当笔筒或花瓶；自己不再使用的物品，转送别人或卖给二手商店。

“回收”是将“资源垃圾”、“厨余”分开收集让环保机构统一处理；“有害垃圾”也要回收处理，以免造成污染。

回收的玻璃可以再加工成色彩缤纷的玻璃颗粒，变成环保又美观的建筑材料或装饰品。

单元11

辐射污染

（图片提供/廖泰基工作室）

我们生存的环境中，存在着许多肉眼看不见的辐射，包括天然辐射和人造辐射。其中人造辐射的来源包括医疗辐射（如X光检查、核磁共振检查等）、核爆落尘以及核能发电等。

切尔诺贝利事件

1986年，瑞典一处核电厂在例行检查中，发现工作人员受到辐射污染，而污染源竟然来自前苏联的乌克兰地区。原来乌克兰切尔诺贝利核电厂第4号机组的核反应炉发生爆炸，有31人当场死亡。由于当时风向的关系，位于乌克兰邻近的白俄罗斯及俄罗斯都受到严重的辐射污染，辐射尘甚至飘向北欧。这次事件中，有500万人受到核辐射威胁，15万平方公里的土地受到核污染而不能再耕种，还有约40万人被迫迁离家园。到2004年为止，因辐射得甲状腺癌的至少有2,000人，而这个数字还在持续增加中。

乌克兰的切尔诺贝利核电厂。发生辐射泄漏意外的20年后，仍有广大地区的土壤和水质受到辐射污染。（图片提供/达志影像）

美国新泽西一名穿着防辐射衣的技术人员，正在处理受到辐射污染的土壤。（图片提供/达志影像）

辐射污染的影响

辐射污染又称“放射线污染”，对人体影响的程度，与辐射的强度、频率、作用的距离和时间都有关系。如果在短时间内接触了非常高剂量的辐射，便会致死；但如果是长时间暴露于较高剂量的辐射，那么罹患肿瘤、产下畸形胎儿的几率便会增加。辐射污染甚至会引起基因突变，使得后代罹患遗传疾病。

因为切尔诺贝利辐射灾害而罹患白血病的儿童。一般而言，胎儿在母体内最容易受到辐射伤害；其次是儿童。（图片提供/绿色和平）

有些物品受到辐射污染后，本身也成为污染源，例如受辐射钢筋。如果将受辐射钢筋用来建房子，居住的人就会受到污染，影响健康；如果随地掩埋，又会造成土壤污染。因此受辐射污染的物品，必须特别谨慎处理。

这辆美国高速公路上的卡车正运送140千克的钚，这是一种最常用来制作核武器的放射性物质。它们从欧洲经由海运到达美国，运送过程非常容易因为意外造成严重的后果。（图片提供/绿色和平）

电磁波对人体是否有害？目前尚无定论。当距离增加时电磁场强度会降低，因此我们使用电器时，最好不要太靠近。

致癌性、致畸性、致变性

放射性物质同时具有致癌性与致畸性。致癌性是指会诱发生物体产生肿瘤，常见的致癌物质还包括毒性化学物质或化学药剂，例如DDT、苯、石棉等。致畸性会影响胚胎发育、使后代出现先天性畸形，例如越战美军所用的落叶剂含有二噁英，也具有这种特性。另外，有些物质具有使生物体内基因突变的特性，称为致变性。致变性相当可怕，因为它会改变遗传特性，使得后代的某些遗传特性改变，不过这样的物质并不多见。

美国路易斯安纳州是许多化学工厂聚集的地区，居民罹患癌症的比例特别高。图中在自家后院玩耍的女孩，后方就是一间化学工厂。（图片提供/绿色和平）

单元12

噪音问题

有时我们会说："吵死了！"究竟有哪些声音让你觉得吵、或是感到心烦？这些声音就是噪音，每个人对噪音的感觉可能都不同，但是噪音所产生的影响却不容忽视。

家庭中使用电器时也会发出不同音量的噪音，例如电视、音响可达60—80分贝，使用中的洗衣机可以达到42—70分贝，电冰箱的压缩机也有32—50分贝。（摄影/张君豪）

英国希思罗机场的噪音

希思罗机场是英国伦敦著名的国际机场，每年大约有46万架次飞机起降（2009年），带给伦敦便利的空运与可观的经济收益，但是也带给当地居民无法忍受的噪音。

由于希思罗机场不断扩大营运，增加航班，延长时间，并在夜晚营运，让居民忍无可忍，终于在2001年向欧洲人权法院提出控诉，要求英国政府赔偿，因为他们晚上安静睡觉的权利被剥夺了。

后来，从希思罗机场事件发展出国际性的环保组织——HACAN，长期为减低飞机噪音而奋斗。

机场上飞机起降的次数非常频繁，所产生的噪音会影响附近居民的生活和身心健康。（图片提供/廖泰基工作室）

噪音大小声

常见的噪音来源，有交通工具、工业生产、工程施工以及人们的活动游乐，家庭里也有或大或小的噪音呢！科学家以“分贝”（dB）作为声音强度的单位，每增加10分贝代表强度增加10倍。

住宅区中的噪音检测站。台湾地区多以65分贝作为一般住宅区的噪音标准。（摄影/张君豪）

建筑工地在施工时，吊车等各种机械会产生持续的工地噪音。（摄影/李宪章）

分贝	相当于生活中的……
0	健康人耳所能听见的最小声音。
20	清风拂过树叶的声音。
30	人们轻声细语的声音。
60	一般谈话的声音。
80	公共汽车的声音。
100	纺织厂织布机的声音。
120	喷气式飞机起飞的声音。

怎样减少噪音

减少噪音要靠大家一起参与，可以分别从以下两方面着手。

1.减低噪音源的音量：例如机动车加装消音器；施工时使用低噪音的机器，或是在高噪音机器旁围设减音或吸音屏障等。

2.保护受影响的居民：在经过住宅稠密地区的高速道路或铁路旁设立隔音墙；在受影响的住宅、医院或学校，加装隔音窗等。

行道树是天然的隔音墙，还有净化空气的效果。（摄影/许元真）

噪音的影响

一般人可听见的声音强度范围是0—140分贝。当声音达到80分贝时，人们会感到刺耳，超过120分贝，就会让人耳朵痛，甚至听力受损！另外，声音的频率、时间的长短、发生的时间等，也会造成不同的影响，例如在夜晚即便轻微的滴答钟声，也会让有些人失眠。长期生活在噪音环境中，人们会心烦、精神紧张、血压升高、听力衰退、睡眠受影响，甚至神经衰弱。

雾霾问题

空气中的灰尘、硫酸、硝酸、有机碳氢化合物等粒子能使大气混浊，视野模糊，并导致能见度恶化；如果水平能见度小于1万米时，将这种非水成物组成的气溶胶系统造成的视程障碍现象称为霾或灰霾，中国香港和澳门地区也称其为烟霞。国家气象局在《地面气象观测规范》中对霾的定义是："大量极细微的干尘粒等均匀地浮游在空中，使水平能见度小于1万米的空气普遍有混浊现象，使远处光亮物微带黄、红色，使黑暗物微带蓝色。"

机动车排放的气体是气溶胶污染物的主要来源之一。（绘图/陈双全）

霾的成因

霾作为一种自然现象，其形成主要与以下三方面因素有关：

1.空气污染物排放：霾的形成与污染物的排放密切相关，城市中机动车尾气以及其他烟尘排放源排出粒径在微米级的细小颗粒物，停留在大气中，当逆温、静风等不利于扩散的天气出现时，就形成霾。

2.气象因素：气象因素是雾霾发生的帮凶。风、逆温、气压、空气相对湿度等因素都影响和制约着大气污染物浓度及其时空的分布。

3.地形：地形可以影响局部的气象条件，从而影响大气污染物的稀释和扩散。随着城市建设的迅速发展，高楼

都市热岛效应示意图，图中的岛状图形大致是根据都市、郊区住宅区、郊区的气温差异所绘制。都市气温高，热空气上升，四周郊区的冷空气补充，可把郊区排放的污染物引入城市，加重市区的大气污染。（绘图/吴仪宽）

大厦越建越多，高大的建筑物间犹如山谷，阻碍了接近地面的空气污染物的扩散。

4.颗粒物：颗粒物（Particle Matter）是描述大气质量的一个指标，缩写是PM。颗粒物是加重雾霾天气污染的罪魁祸首。雾霾天气时，空气中污染物的80%以上是各种各样的悬浮在空中的颗粒物。

$PM_{2.5}$是大气中直径小于或等于2.5微米的颗粒物。人的头发直径约为70—100微米，2.5微米仅相当于头发丝的三十分之一。$PM_{2.5}$能深入到人体肺部气管，甚至到小气管和肺泡处，小于0.1微米的时候可以深达肺泡并沉积，进而进入人体的血液循环。其主要来源是日常发电、工业生产、汽车尾气排放等过程中经过燃烧而排放的残留物，大多含有重金属等有毒物质。$PM_{2.5}$粒径小，面积大，活性强，易附带有毒、有害物质，且在大气中的停留时间长、输送距离远，因而对人体健康的危害很大。科学研究显示，$PM_{2.5}$浓度的上升与疾病的发病率、死亡率关系密切，尤其是呼吸系统疾病及心血管疾病。

霾预警

2013年1月28日，“霾预警”在中国首次发布，将$PM_{2.5}$作为发布霾预警的重要指标之一；中国气象局将霾预警分为黄色、橙色、红色三级，分别对应中度霾、重度霾和极重霾。当出现黄色预警信号时，呼吸道疾病患者应尽量减少外出，外出时可带上口罩；当出现橙色预警信号时，人们应减少户外活动，呼吸道疾病患者应尽量避免外出；当出现红色预警信号时，人们应减少外出，若必须外出，则应带上医用口罩或者$PM_{2.5}$口罩。

雾霾天气的图形符号。黄色代表中度霾，橙色代表重度霾，红色代表极重霾。

霾的危害

霾不仅严重影响工农业生产和交通运输，还严重影响人体健康。

1.对人体健康的影响

①霾对呼吸系统的影响：霾天气下，近地面空气中积聚着大量有害人们健康的气溶胶粒子，这些微粒肉眼看不到，数量却非常多，能直接进入呼吸道和肺泡中，引发鼻炎、支气管炎等疾病。霾中的碳氧化物，对人的眼、鼻和呼吸道有强烈的刺激作用。

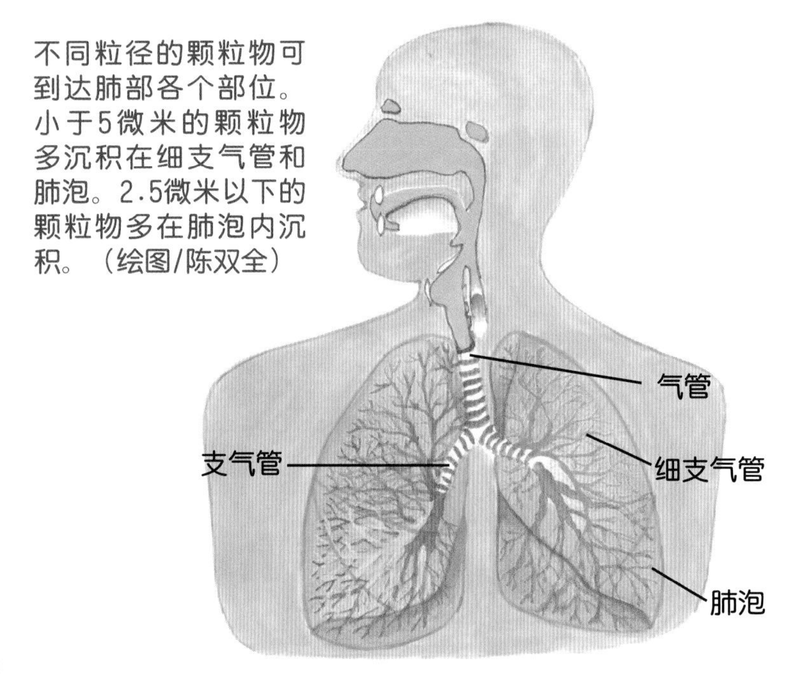

不同粒径的颗粒物可到达肺部各个部位。小于5微米的颗粒物多沉积在细支气管和肺泡。2.5微米以下的颗粒物多在肺泡内沉积。（绘图/陈双全）

②霾对心脑血管疾病的影响：人体的心脑血管系统与呼吸系统是相通的，呼吸系统的病变也会导致人体心脑血管系统的病变。霾可促发心脑血管疾病，诱发慢性心脑血管疾病的急性发作，增加心脑血管疾病发生死亡的危险。

③霾对人体健康的其他影响：霾天气还可导致近地面层紫外线的减弱，易使空气中的传染性病菌的活性增强，传染病增多。

此外，阴沉的灰霾天气会对人的情绪产生不良影响，由于整天处于太阳昏昏、阴霾沉沉的环境里，容易让人产生厌倦、抑郁、焦虑和悲观的情绪。

2.对生活环境的影响

霾可以使大气中的

雾霾天气时，能见度较低，建筑物被浓雾笼罩。（摄影/陈双全）

污染物集聚，浓度在短期内增高；大气污染可以通过沉降作用及雨水冲刷，转变为水体污染和土壤污染，使人类的生活环境越来越恶劣。

3.对交通运输的影响

在霾天气时，由于能见度低、空气质量差，容易引起交通阻塞，发生交通事故。

如何积极有效地防御雾霾

个人防护的办法：

1.养成良好的生活习惯

（1）适时通风。研究表明，一天之中的中午是室外污染最轻的阶段，因此是开窗通风的最佳时间段，通风时间每次以半小时至一小时为宜。若雾霾天气发生时，应少开窗，因为室内的空气比室外干净。

（2）合理饮食。饮食宜清淡，多饮水；多吃水果和蔬菜；多吃增强免疫力的食物；必要时可以补充一些维生素。此外，多食用润肺的食物如猪肝、罗汉果茶、雪梨、枇杷、莲子心等。

（3）及时收起洗干净的衣服。及时将洗干净的衣服收起来，可以减少衣服接触灰霾污染物的机会。

（4）低碳生活，培养环境保护意识。

此外，室内勿抽烟、种植宽叶面的绿色植物、烹饪时开抽油烟机等都可以减轻雾霾对人体的侵害。

2.锻炼身体和出行

雾霾天气发生时，喜欢晨练的人应尽量避免户外活动。否则，越运动，吸入肺部的毒物越多，无形中成了毒物的吸尘器。如果出行，最好要戴上口罩、纱巾等，这样可以防止粉尘颗粒进入体内。

多吃新鲜蔬菜和水果，不仅可以补充各种营养物质，还可以加快体内新陈代谢，促进毒物的排出。（绘图/陈双全）

（本单元撰稿：北京大学教授潘小川）

单元14

携手保护地球

环境污染是没有国界的，1972年联合国在瑞典的斯德哥尔摩，召开了第一次国际环境高峰会，但是当时许多国家认为事不关己。二三十年后，越来越多国家发现环境受到严重污染，其中甚至有来自其他国家排放的污染物。除此之外，臭氧层破洞和温室效应更是全球性问题。所以，世界各国开始一起制定保护环境的国际公约。

瑞典首都斯德哥尔摩是一个港口城市，也被选为欧洲生活品质最佳的城市。（摄影/黄丁盛）

多名西班牙的绿色和平组织成员，在首都马德里的太阳门广场庆祝京都议定书生效。签署各国承诺在2010年，使二氧化碳排放量降低到1990年的标准，以减少全球变暖对环境的影响。（图片提供/绿色和平）

蒙特利尔议定书与京都议定书

1987年，24个国家在加拿大蒙特利尔，签订了禁止使用氟氯碳化物的“蒙特利尔议定书”，以降低对臭氧层的破坏，目前共同参与的国家已经达到184个。

为了挽救地球免于遭到全球变暖、气候变迁带来的厄运，包括欧盟国家在内的许多国家，1997年在日本京都签订了“京都议定书”。其中列出了各国对于6种温室气体应减少的量，并制定目标达成年。京都议定书已经从2005年2月16日开始正式生效，但是美国和澳大利亚则为了经济发展，至今仍拒绝签署。

巴塞尔公约

1989年在瑞士签订的巴塞尔公约，是为了减少有害废弃物的产生、避免跨国运送造成环境污染，也为了制止工业化国家不经过适当处理就将有害废弃物运送到其他国家，造成当地的环境污染。截至2010年为止，已经有172个国家签署。

地球高峰会

为了“人类共同的未来”，1992年6月联合国在巴西的里约热内卢，举行了环境与发展会议，称为“地球高峰会议”。参与的各国领袖签署了“里约宣言”与“21世纪议程”，正式向全球宣扬可持续发展的观念。2002年8月世界各国又以地球环境的可持续发展为主题，在南非的约翰内斯堡举办了第2次的地球高峰会。

瑟玟·卡莉丝·铃木在巴西里约热内卢地球高峰会议中，以儿童代表的身份，对世界各国领袖发表演说，当时她才12岁。出生于加拿大的瑟玟，10岁时就创办了一个儿童环保团体ECO，至今仍然四处为环保运动奔走宣传。（插画/余明宗）

流经奥地利的多瑙河沿岸。欧洲的多瑙河流经德国、奥地利、匈牙利等13个国家，这13个国家在1998年成立了多瑙河保护国际委员会，协商如何适当利用多瑙河和河岸土地，共同管理多瑙河的流域，以避免过度开发造成河水和环境污染。（摄影/任家弘）

世界地球日

每年的4月22日这一天，地球“最大”，因为这是它的日子——世界地球日。这个节日起自1970年，由美国威斯康辛州的参议员盖洛·尼尔森和丹尼斯·海斯发起，后来扩展到全世界，成为重要的国际节日。在这一天，世界各地的人举办集会、游行以及各项活动，呼吁各国政府和人民一起爱护地球、停止破坏。

北非摩洛哥位于沙漠中的小聚落。为了纪念1972年在斯德哥尔摩召开的人类环境会议，联合国将每年的6月5日定为世界环境日。2006年的世界环境日主题为“沙漠与沙漠化”。（摄影/黄丁盛）

未来的展望

自从工业革命以后，人类开发的脚步越来越快，生活越来越富足，但是也造成各种环境污染。生活在21世纪的我们，应该怎样为自己和后代经营这个地球呢?

地球的负荷

当我们探讨各种环境污染时，就会发现，根本的问题都是出自“人口”与“开发”。1950年全世界的人口有25亿，到了1987年却有50亿，增加了一倍！2010年时，全世界的人口已经有68亿了！为了养活这么多的人口，需要很多的粮食，许多森林和雨林会被开垦成为农田，越来越多动物失去它们的栖息地，更多的污染也跟着出现！

南沙群岛的太阳能发电设施，利用太阳能光电板把太阳能转为电力。工业革命以来，人类大量消耗化石燃料产生了许多环境问题，因此各国都致力发展无污染、可不断再生的绿色能源。（图片提供/廖泰基工作室）

德国北部海岸的风车景观，当地有持续的风力提供发电。目前世界风力发电量排名前3名的国家分别是德国、美国和西班牙。（摄影/任家弘）

再生能源

为了减少温室气体的排放以及汽油的耗用，许多国家努力寻找“替代能源”，也就是“再生能源”，如风力、潮汐、生质能、波浪、地热、太阳能等。其中“生质能”是将大豆、玉米、稻草、谷壳、甘蔗渣或动物的粪便等，处理后转换成燃料或电力，目前是国际间最广泛使用的再生能源，约占世界所有再生能源的2/3。

绿色生活

“绿色生活”是指简朴、健康、环保的生活，也就是在生活中善用自然资源、减少自然资源的浪费、减少毒性物质的使用及减少污染物的排放。

我们可以从5个方面着手：“食”的方面，减少使用免洗餐具、施行有机农业；“衣”的方面，减少使用有毒染料染制衣服；“住”的方面，兴建可以节约能源的建筑；“行”的方面，尽量以大众交通工具取代私人车辆；“消费”方面，选择节约能源的电器和环保产品等。

符合环保标准的居家生活，包含了节约能源、低污染的电器用品、利用回收材料制成的家具及摆饰、生物可分解的塑料材料制品等。

动手做胶带纸轴糖果盒

还记得环保的3R吗？现在我们就要来实践其中的Reuse（再利用）。

（制作/杨雅婷）

1.准备材料：1个较宽和1个较细的胶带纸轴、2张大小与纸轴外围相同的圆形纸板、几张回收的包装纸或广告传单、瓦楞纸板。

2.先将一张圆形纸板贴在宽纸轴的底部，将包装纸或传单裁成与纸轴同宽的长形纸条，环绕黏贴在宽纸轴外侧，成为纸盒主体。

3.再将另一张圆形纸板黏贴于细纸轴的顶部，将包装纸或传单裁成与细纸轴同宽度的长纸片，绕着纸轴的侧边贴上成为盒盖；再把2张圆形纸板都贴上包装纸。

4.将瓦楞纸裁成比宽纸轴的宽度再多出约1—1.5厘米的长条形。将瓦楞纸黏贴固定于宽纸轴的内圈后，盒子就可以盖起来了。

英语关键词

环境 environment

保护 protection

环境保护 environmental protection

环保运动 environmental movement

环境污染 environmental pollution

污染 pollution

污染物 pollutant

污染源 pollution source

空气污染 air pollution

灰尘 dust

颗粒 particle

光化学烟雾 smog

空气质量 air quality

能见度 visibility

臭味 odor

酸雨 acid rain

温室效应 greenhouse effect

温室气体 greenhouse gas

二氧化碳 carbon dioxide (CO_2)

臭氧 ozone

臭氧层 ozone layer

水污染 water pollution

饮水 driking water

污水 wastewater

污水处理 wastewater treatment

下水道 sewer

有危害的 hazardous

有毒性的 toxic

重金属 heavy metal

清洁剂 detergent

土壤污染 soil contamination

农药、杀虫剂 pesticides

二噁英 dioxin

有机农业 organic agriculture

海洋污染 ocean pollution

海洋生物 marine life

漏油 oil spill

废弃物 waste

垃圾 garbage

掩埋场 landfill

资源 resource

减量 reduce

再利用 reuse

回收、再生 recycle

再生纸 recycled paper

辐射污染 radioactive contamination

核废料 nuclear waste

放射性物质 radioactive substance

噪音 noise

分贝 decibel (dB)

隔音 soundproof

京都议定书 kyoto protocol

地球高峰会 earth summit

地球日 earth day

公约 convention

破坏、损害 damage

影响 impact

威胁 threat

可持续发展 sustainable development

可再生能源 renewable energy

绿色生活 green life

未来 future

新视野学习单

1 请举出5种主要的空气污染物？请再想想看，哪些污染物与酸雨的形成有关？

____

____

（答案在08—12页）

2 是非题

（　）自然界中的雨水略带酸性。

（　）酸雨流入河中就不会破坏环境。

（　）“氟氯碳化物”是造成臭氧层破洞的元凶。

（　）地表的臭氧会造成光化学烟雾，危害人体。

（　）适当的紫外线照射可以刺激身体细胞活动，促进人体制造维生素D。

（答案在12—13页）

3 连连看，左列各项事物或事件和右列哪些环境污染有关？

焚化炉 · 　　· 空气污染

红潮（毒藻）· 　　· 水污染

农药 · 　　· 海洋污染

切尔诺贝利 · 　　· 垃圾

水体富营养化 · 　　· 土壤污染

分贝 · 　　· 辐射污染

光化学烟雾 · 　　· 噪音污染

（答案在07、17、20、23、25、26、29页）

4 连连看，这些疾病是由哪种污染物造成的？

痛痛病 · 　　· 镉

水俣病 · 　　· 辐射污染

儿童白血病 · 　　· 汞

（答案在14—15、26—27页）

5 下列水质项目属于哪一种水质指标？请在正确的空格内打勾。

	物理指标	化学指标	生物指标
臭味	（　）	（　）	（　）
酸碱度	（　）	（　）	（　）
大肠杆菌类	（　）	（　）	（　）

颜色	（ ）	（ ）	（ ）
重金属	（ ）	（ ）	（ ）

（答案在18—19页）

6 下列叙述哪些是正确的？（多选）

（ ）清洁剂不会造成环境污染。
（ ）海上原油泄漏时，因为油比水重，所以会沉入海底。
（ ）垃圾处理的3个原则是：减量、再利用、回收。
（ ）空气和水中的污染物质可能经由食物链进入人体。
（ ）重金属容易累积在体内，不易排出，造成“生物累积”。

（答案在14—25页）

7 是非题

（ ）“地球高峰会议”是由联合国主办的。
（ ）“生质能”是指以风力、潮汐发电的能源。
（ ）现在全世界的人口已经将近100亿了。
（ ）一般的塑料在自然环境下是很难分解的。
（ ）垃圾渗出水如果没有收集处理，垃圾中的有毒物质会污染土壤、地下水。

（答案在24—25、34—37页）

8 下列叙述哪些是正确的？（多选）

1. X光检查也是放射线来源之一。
2. 一般人可听见的声音强度范围是80—200分贝。
3. 嘈杂的环境会使人紧张、精神不集中，甚至失眠。
4. 长期处在恶臭的环境里，会使人嗅觉失灵。
5. DDT和石棉都是容易致癌的有害物质。

（答案在26—29页）

9 连连看，下列国际公约是防治什么环境污染问题？

京都议定书·	·臭氧层破坏
蒙特利尔议定书·	·温室效应
巴塞尔公约·	·规范有害废弃物跨国运送

（答案在34—35页）

10 下面物品丢弃时，在垃圾分类上，各属于哪一类？

剩饭剩菜·	·资源回收——纸类垃圾
旧报纸·	·一般垃圾
石棉·	·有害垃圾
塑料瓶·	·厨余
擤鼻涕纸·	·医疗垃圾
废弃针头·	·资源回收——塑料类垃圾

（答案在24—25页）

我想知道……

这里有30个有意思的问题，请你沿着格子前进，找出答案，你将会有意想不到的惊喜哦！

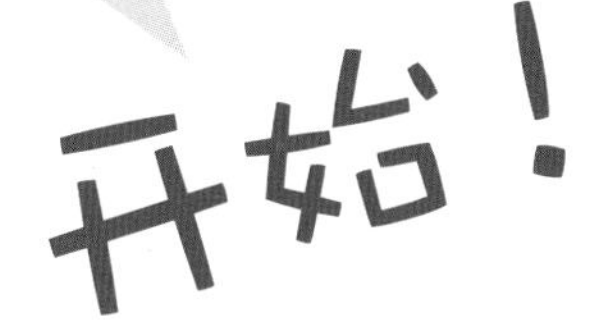

开始！

弥漫都市的烟雾分几种？ P.07

环境污染都是人类造成的吗？ P.07

污染的人体有响？

有哪些方法可以减少河川污染？ P.19

为什么土壤污染不容易恢复？ P.20

有机农业用什么方法取代农药和化学肥料？ P.21

太棒赢得金牌。

矽藻喜欢生长在哪种水中？ P.19

京都议定书主要的内容是什么？ P.34

世界环境日和地球日分别是哪一天？ P.35

为什么再生能源比较环保？ P.36

哪些污染会使水中的氮、磷浓度过高？ P.18

人耳可以听见的声量是多少分贝？ P.29

家里也会出现噪音吗？ P.29

颁发洲金

太厉害了，非洲金牌也是你的！

水中的泥沙含量，是哪一种水质指标？ P.18

怎样使用清洁剂可以减少环境污染？ P.17

为什么有害物质经过一层层的食物链后，浓度变高？ P.15

“痛痛哪种重染造成